KB195790

자연탐사

GOGO ⑩
카카오프렌즈

글 조주희 그림 김정한 기획 김미영

마다가스카르 섬

카카오프렌즈

카카오프렌즈는 저마다의 개성과 인간적인 매력을 지닌
라이언, 무지, 어피치, 프로도, 네오, 튜브, 콘, 제이지, 춘식 총 9명의 캐릭터가 함께합니다.
서로 다른 성격에 하나씩 콤플렉스를 가지고 있는 아홉 가지 캐릭터는
독특하면서도 우리 주변에서 쉽게 볼 수 있는 사람들의 모습을 그대로 반영해
많은 사랑을 받고 있습니다.
카카오프렌즈의 위트 넘치는 표정과 행동은 폭넓은 공감대를 형성하고
유쾌한 웃음을 선사합니다.

라이언 RYAN

갈기가 없는 수사자 라이언.
덩치가 크고 표정이 무뚝뚝하지만
여리고 섬세한 소녀 감성을 지닌 반
전 매력의 소유자.
원래 아프리카 둥둥섬 왕위 계승자
였으나, 자유로운 삶을 동경해 탈출!
카카오프렌즈의 든든한 조언자 역
할을 하고 있다.

춘식 CHOONSIK

라이언이 길에서 주워온 길고양이.
집 거실까지 들어와서야 상황을 파악
했다.
서로 취향이 잘 맞는지 라이언의 집
에 그대로 눌러 앉아 버렸다.
어딘가 지켜주고 싶은 귀여운 룸메이
트 춘식이가 있어 라이언의 퇴근길이
쓸쓸하지 않다.

어피치 APEACH

유전자변이로 자웅동주가 된 것을
알고 복숭아 나무에서 탈출한 악동
복숭아 어피치!
애교 넘치는 표정과 행동으로 '귀요
미' 역할을 한다.
섹시한 뒷모습으로 사람들을 매혹
시키지만 성격이 매우 급하고 과격
하다.

튜브 TUBE

겁이 많고 마음 약한 오리 튜브는 작은 발이 콤플렉스여서 오리발을 착용한다.
미운오리새끼의 먼 '친척뻘'이다.
극도의 공포를 느끼거나 화가 나면 입에서 불을 뿜으며 밥상을 뒤엎기도 하니 조심해야 한다.

네오 NEO

자기 자신을 가장 사랑하는 새침한 고양이 네오는 쇼핑을 좋아하는 패셔니스타!
하지만 도도한 자신감의 근원이 단발머리 '가발'이라는 건 비밀!
공식 연인 프로도와 아옹다옹하는 모습이 사랑스럽다.

프로도 FRODO

잡종견이라는 태생적 콤플렉스를 가진 부잣집 도시 개 프로도.
네오와 공식 커플로 알콩달콩 애정 공세를 펼친다.

무지 MUZI

호기심 많고 장난기 가득한 무지의 정체는 사실 토끼 옷을 입은 단무지.
토끼 옷을 벗으면 부끄러움을 많이 탄다.

콘 CON

악어를 닮은 정체불명의 콘은 가장 미스터리한 캐릭터이다.
알고 보면 무지를 키운 능력자이기도 하다.

제이지 JAY-G

땅속나라 고향에 대한 향수병이 있는 비밀 요원 제이지!
선글라스와 뽀글뽀글한 머리가 인상적이며 힙합가수 JAY-Z의 열혈 팬이다.
냉철해 보이는 겉모습과 달리 알고 보면 외로움을 많이 타는 여린 감수성의 소유자다.

기타 등장 인물

안티

천재 박사의 라이벌인 카오스 박사의 손자. 할아버지의 씨드볼을 손에 넣어 세상의 주인이 되기 위해 카카오프렌즈와 대립한다. 공학 천재지만 자연을 잘 모르고 체력도 약해서 탐사를 할 때에는 힘을 제대로 쓰지 못한다.

안나

안티의 소꿉친구이자 카오스 박사의 비밀 제자. 지구의 생태에 대해서 잘 알고 체력과 운동 능력이 뛰어나 자연에서 큰 힘을 발휘한다. 안티를 돕기 위해 씨드볼 모으기에 나서 카카오프렌즈와 대립한다.

안티고

천재 박사의 라이벌인 카오스 박사가 만든 인공지능. 자신이야말로 씨드 뱅크의 관리자에 걸맞다고 생각해 씨드고에게 원한을 품고 있다. 카오스 박사의 손자인 안티를 속여 씨드볼을 찾아오게 시킨다.

씨드고

천재 박사가 히스토리 뱅크의 카카고와 함께 남긴 또 다른 인공지능. 카카고보다 먼저 만들어졌으며, 씨드볼을 모아 둔 씨드 뱅크의 관리자를 맡고 있다. 다른 인공지능들보다 감정 표현이 풍부하다.

차례

GOGO 카카오프렌즈 자연탐사 줄거리

남극 탐사를 마치고 씨드 뱅크로 돌아온 카카오프렌즈. 이들을 깜짝 놀라게 한 씨드 뱅크 침입자는 바로 라이언이 길에서 주워온 길고양이, 춘식이였어. 호기심이 많은 춘식이는 씨드 뱅크의 이곳저곳에 관심 갖기 바빴지. 그때 세계 최대의 산호초 지역인 호주 북동부의 그레이트 배리어 리프에서 씨드볼 신호가 울리고, 라이언은 또다시 탐사요원으로 선발되어 떠나게 됐어. 탐사요원들은 잠수정을 타고 산호초를 누비는 바다 탐사를 마치고, 마침내 씨드볼을 모두 저장해 씨드 뱅크로 돌아왔지. 그 모든 과정을 지켜본 춘식이는 자기도 자연탐사를 가고 싶다며 졸라 댔어. 바로 그 순간, 아무도 예상치 못한 마다가스카르 섬에서 씨드볼 신호가 울렸어! 이번에는 춘식이도 탐사요원이 될 수 있을까? 마다가스카르 섬에서 확인해 보자, Go Go!

1장

춘식이도 함께 Go Go!

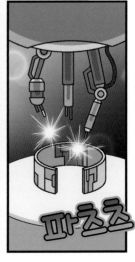

✿ 〈Go Go 카카오 프렌즈 자연탐사2 - 사하라 사막〉 편의 7장을 참고하세요.

바오바브나무의 원산지인 마다가스카르 섬입니다.

당장 찾아오세요!

위이잉!

이번엔 나만 믿어!

이렇게 갑작스런 출발이라니!

한편 씨드 뱅크에서는…

라이언!!

나도 자연탐사 갈래!

폴짝

폴짝

나도 탐사요원 될 거야!

바동

바동

정말 되고 싶나 봐.

아직 새 탐사요원을 뽑을 계획은 없는데…

마다가스카르 섬?

그동안 인공지능으로 다음 씨드볼 지역을 예측하고 있었는데…

씨드볼 신호다!

전혀 예상치 못한 곳에서 씨드볼들이 활성화되고 있어요.

그럼 아무런 준비 없이 바로 출동이야?

돌발 상황이 엄청 많이 일어나겠어!

새 탐사요원의 능력을 확인해 볼 좋은 기회이기도 하지.

새 탐사요원?

나?

그래, 춘식이를 정식 요원이 아닌 견습 요원으로 보내 보자.

스마트 워치도 없고 통신 장비도 없는데요?

가고 싶어! 가고 싶어! 가고 싶어!

뿔짝

뿔짝

그럼 내가 따라갈게.

현장에 나가면 춘식이가 탐사요원으로 맞는지 더 잘 확인할 수 있을 거야.

마다가스카르 탐사요원이 선발됐어요!

짜안~

네, 그럼 춘식이도 미래 예측 프로그램에 추가해서 탐사요원을 뽑겠습니다.

헤헛~

타다닥

사하라 사막 탐사에서 본 적 있어.

바오바브나무 씨드볼을 안티가 저장했었지. ✿

나도 기억나! 라이언이 읽어 준 『어린 왕자』 책에 나오는 나무잖아.

라이언은 책을 읽어 주다가 잠들곤 했었는데…

꾸벅

쿨~

라이언?

그러고 보니 연달아 탐사를 다녀왔잖아!

좀 쉬어야 돼!

잠깐 졸려서…

마다가스카르 사람들이 신성하게 여기는 바오바브나무는

잎과 열매, 줄기, 씨앗 모두 영양분이 풍부해 약으로도 많이 쓰인대요.

잎

열매

✿ 〈Go Go 카카오프렌즈 자연탐사2 - 사하라 사막〉 편의 7장을 참고하세요.

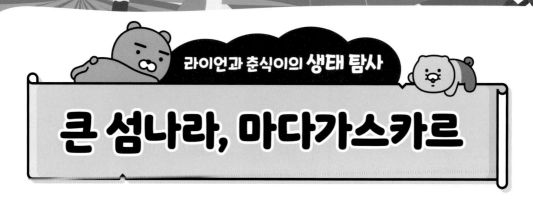

라이언과 춘식이의 생태 탐사

큰 섬나라, 마다가스카르

세계에서 네 번째로 큰 섬

아프리카 대륙 동남쪽 해안에는 '모잠비크'라는 나라가 있어. 모잠비크에서 동쪽 인도양 방향으로 400킬로미터 정도 더 가면 아프리카에서 가장 큰 섬이 나오는데, 이곳이 바로 마다가스카르야. 마다가스카르는 면적이 58만 제곱킬로미터 이상으로, 세계에서 네 번째로 큰 섬이야. 우리나라 면적의 다섯 배가 넘는다고 하니 마다가스카르가 얼마나 큰 섬나라인지 알겠지?

마다가스카르는 섬 중에서 큰 편이지만, 아프리카 대륙 전체와 비교하면 작은 섬에 불과해. 그러나 면적에 비해 생물다양성이 높은 곳으로 유명하지. 생물다양성이 높다는 것은 여러 종류의 다양한 생물들이 조화롭게 생태계를 이루며 살고 있다는 뜻이야. 마다가스카르는 열대우림, 산악림, 열대건조림, 사막지대, 맹그로브 산림 등 다양한 기후대가 모여 있어. 그 덕분에 각 생물들이 원하는 환경을 선택해서 살아갈 수 있어.

고원 지대에 속하는 마다가스카르의 이살루 국립공원

마다가스카르 명물, 바오바브나무 거리

마다가스카르의 남서부 해안가에는 '모론다바'라는 이름의 도시가 있어. 이 도시에는 마다가스카르를 상징하는 바오바브나무가 쭉 펼쳐진 260미터 길이의 긴 거리가 있어. 바오바브나무 약 300그루가 거리 양쪽으로 늘어서 있어 명물로 손꼽히지. 무려 800년의 역사를 자랑하는 이곳의 바오바브나무 평균 높이는 30미터이고, 줄기 둘레는 10미터에 달한다고 해. 아파트 25층 높이에, 성인 남성 다섯 명이 양팔을 뻗어 나무를 감싸 안아도 서로 손이 닿지 않을 만큼 커다란 크기야.

현재 지구상에는 총 8종의 바오바브나무가 살고 있어. 아프리카 대륙에 1종, 마다가스카르에 6종, 호주 북부에 1종이 살고 있지. 그중에서 모론다바 거리에 있는 바오바브나무 이름은 '그랑디디에 바오바브'야. 마다가스카르를 탐험하고 다양한 동식물을 수집한 프랑스 박물학자 알프레드 그랑디디에의 이름을 땄지.

그랑디디에 바오바브는 마다가스카르에 사는 6종의 바오바브나무 중에 가장 커서 '자이언트 바오바브'로 불려. 거대하고 두꺼운 원통 모양의 줄기는 붉은 회색 또는 붉은 갈색 껍질로 덮여 있지. 줄기는 위로 올라갈수록 두께가 조금씩 얇아져. 꼭대기에 다다르면 가지가 넓게 뻗으면서 단풍잎처럼 손바닥 모양의 청록색 잎이 나 있지.

11월부터 3월까지는 이 거리에서 나뭇잎이 무성한 바오바브나무를 볼 수 있어. 5월에서 8월까지는 붉은 갈색의 털로 뒤덮인 꽃봉오리가 터지면서 꽃이 핀다고 해.

바오바브나무 거리 모습

바오바브나무 흉내 내기!

세상에 이런 바오바브나무가?

마다가스카르와 아프리카 대륙에는 그랑디디에 바오바브 말고도 다양한 바오바브나무가 살고 있어. 자세히 보면 특징이 조금씩 달라. 함께 만나 보자.

● 아프리카 바오바브

사하라 사막을 제외하고 아프리카 대륙에서 쉽게 볼 수 있어. 비가 많이 오는 우기에 물을 저장했다가 건기에 그 물을 이용해 살아가. 그래서 덥고 건조한 아프리카 대륙에서 잘 적응할 수 있지. 그랑디디에 바오바브는 좁고 길쭉한 모습이지만, 아프리카 바오바브는 줄기가 짧고 굵으면서 잔가지가 많고 잎이 무성하게 나 있어.

탄자니아에 있는 아프리카 바오바브

● 페리에 바오바브

마다가스카르 북쪽에 있는 국립공원에 살고 있어. 200그루 정도만 살아 있어서 멸종 위기 종으로 지정됐지. 그랑디디에 바오바브와 비교하면 둘레는 비슷하지만 줄기 높이가 더 길어. 길쭉한 줄기는 연한 회색을 띠지. 또 다른 바오바브와 달리 꽃 속의 수술이 무궁화처럼 꽃 밖으로 길게 튀어나온 것이 특징이야.

연한 회색 줄기를 지닌 페리에 바오바브

● 루브로스티파 바오바브

루브로스티파는 마다가스카르 서쪽의 바닷가 근처에서 자라는 바오바브나무야. 이름은 줄기가 붉은 바오바브라는 뜻이야. 그랑디디에 바오바브에 비해 줄기 두께가 더 두꺼워. 줄기 표면의 껍질은 갈라지면서 떨어져 나간다고 해. 잎의 가장자리가 톱니처럼 뾰족뾰족하게 생겼고, 잎의 크기가 바오바브 중에 가장 작아.

밤하늘 아래 루브로스티파 바오바브

2장

강하고 용감한
견습 요원

그동안 쌓였던 피로가 쏟아지네.

일어나 봐.

흔들~ 흔들~

어쩔 수 없죠. 씨드볼은 안나 님이 찾아 줄 겁니다.

안나를 어떻게 믿어? 잠깐만 자는 거야.

털썩~

라이언! 내가 아픈 친구를 데려왔어.

흔들~ 흔들~

쿨~ 쿨~

응?

둘 다 깊이 잠들었네.

커어~

춘식아! 어디 있었니?

후유~

콘이 얼마나 찾았는데!

헉!

멈칫!

탐사요원으로서
어려움에 빠진 사람들을
돕고 있었지.

제일 중요한 임무인
씨드볼을 잊으면
안 돼.

굴적
굴적

아차,
씨드볼!

화들짝

여러분! 씨드볼이
바오바브나무 거리를
계속 맴돌고 있어요!

흩어져서
찾아 보자.

두리번

두리번

시꿀

시꿀

그런데
사람이
너무 많아.

씨드볼도
안 보이고.

꼬웅~

29

까야~

저기!!

분명히 안티, 안나도 도착했을 텐데

모두 어디에 숨은 걸까?

헉!

깜짝

설마, 씨드볼을 찾은 건가…

고구마다!

탓!

아, 고구마…

춘식이가 고구마에 정신이 팔렸네. 그럼 나도 씨드볼을 찾아 나서 볼까!

뒹굴 뒹굴

♪ ♪

고구마!

잠깐!

이건 고구마가 아니잖아.

멈칫

바오바브
열매인가?

실망

반짝
반짝

응? 잠깐

이건 무슨 열매지?
반짝이는 것이…

반짝
반짝

씨드볼??

화들짝

반짝
반짝

라이언이
어떻게 했더라?

씨드볼 저장!

씨드볼 저장!

휘적
휘적

발라당~

참! 나는 아직
스마트 워치가
없지!

첫!!

그렇다면
수레에 발도장을
찍어 놓고…

꾸욱~

다다다다

라이언을
부르러 가자!

안티를 데려간
고양이잖아?

후다닥~

수레 위에
뭐가 있길래
놀라서 도망치지?

라이언!!
일어나! 어서!

통

통

일어나라고?

응?

깜짝

씨드볼!

화악

샤라랑~

꺄아아악

안티, 너…

부들

부들

내가 찾은 씨드볼을…

헤헷~

어차피 한 팀이야.

어우, 잘 잤다! 몸이 개운해!

안 돼!

안티가 씨드볼을 저장했어!

바오바브나무 씨드볼이었네요.

덜덜덜

이상해요. 사하라 사막에서 안티가 저장해 간 씨드볼이 왜 다시 여기에 나타난 걸까요?

안티, 안나는 어디에 숨어 있다가 튀어나온 거지?

그건…

얼굴에 하얀 걸 바르고 있어서…

시무룩~

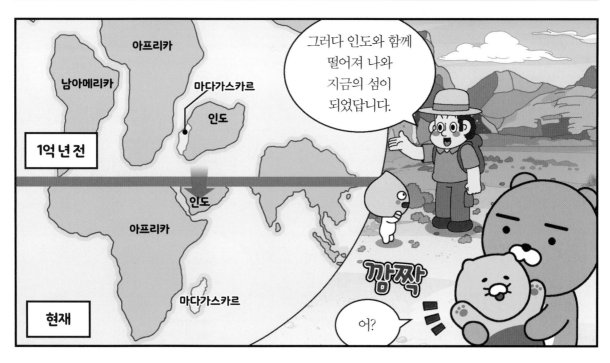

✿ **모욕** 깔보고 욕되게 하는 것을 일컫는 말.

방금 씨드볼의 위치를 찾았어요.

맞은편 바위산 정상에 있답니다.

춘식이가 계속 알려 줬던 방향이야!

저기는…

바위산은 위험하니까 거기 있어.

우리가 다녀올게.

콘이 지켜보고 있으니 괜찮겠지?

나도 가고 싶은데…

시무룩~

나도 라이언처럼…

부들

부들

정식 탐사요원이 되고 싶다고!

반짝

반짝

나도 출동할래!

씨드볼 찾을 거야!

후다닥~

여우원숭이와 마다가스카르

마다가스카르가 섬이 되기까지

수억 년 전, 지구는 지금 우리가 살고 있는 모습과 달랐어. 땅의 모습을 보면 당시에는 여러 대륙이 하나로 이어져 있었거든. 약 1억 8,000만 년 전 공룡이 살았던 중생대 쥐라기 시대에는 마다가스카르와 남극, 호주, 인도 대륙이 '서곤드와나'라는 하나의 거대한 대륙을 이루고 있었지.

약 1억 2,500만 년 전, 인도와 마다가스카르가 이어진 대륙은 남극, 호주가 이어진 대륙과 분리됐어. 마다가스카르는 공룡이 지구상에서 거의 멸종된 8,500만 년 전쯤, 그러니까 백악기 말이 돼서야 인도 대륙에서 분리되었다고 해. 즉 마다가스카르는 8,000만 년이 넘는 긴 시간 동안 외딴섬으로 존재한 셈이야.

마다가스카르에는 다양한 생물이 어우러져 살고 있어. 과학자들은 육지와 오랜 세월 떨어져 있던 환경 때문에 마다가스카르 생물들이 독특하게 진화했다고 생각해.

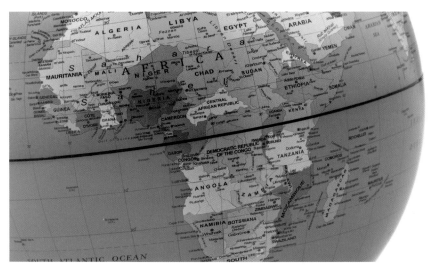

현재 마다가스카르는 아프리카 대륙과 약 400킬로미터 정도 떨어져 있다.

마다가스카르 마스코트, 여우원숭이

여우원숭이는 마다가스카르의 고유종이야. 작고 뾰족한 주둥이, 긴 꼬리 등이 여우와 비슷해서 이름 지어졌어. 영어로는 '리머'라고 불러. 다 자란 여우원숭이는 몸길이가 약 60 센티미터인데, 꼬리도 최대 60센티미터로 몸길이와 비슷해.

여우원숭이는 뒷다리의 둘째발가락 발톱이 독특하게 생겼어. 갈고리처럼 휘어져 있거든. 갈고리발톱은 먹이나 나무에 기어오를 때 유용하지. 아래턱의 앞니가 빗처럼 생긴 것도 여우원숭이의 특징이야. 앞니 여러 개가 모여서 가느다랗고 촘촘한 빗살처럼 생긴 이빨을 실제 빗처럼 사용하기도 해. 고양이가 혀로 털을 훑어서 깨끗하게 손질하는 '그루밍'을 하듯, 여우원숭이는 이빨로 그루밍을 하는 거지.

보통 여우원숭이는 밤에 활동하는 야행성으로 혼자 살아가는 종이 많아. 그리고 열매, 곤충 등을 먹는 잡식성이며, 주로 나무 위에서 생활하지. 그런데 여우원숭이 중에서 유일하게 땅에 잘 내려오는 종이 있어. 바로 알락꼬리여우원숭이야. 알락꼬리여우원숭이는 꼬리에 흰색, 검은색 얼룩이 있어. 호랑꼬리여우원숭이라고도 부르지. 마다가스카르의 남쪽과 남서쪽의 나무, 바위가 많은 곳에서 살아가. 하얀 얼굴에, 판다처럼 눈과 코 주위가 검은색이고 어릴 때는 청색이던 눈동자가 다 자라면 노란빛을 띠어.

암컷을 중심으로 5~30마리가 무리 지어 생활하는데, 보통의 여우원숭이들과 달리 주로 낮에 활동해. 아침에 일어나서 먹이를 먹고, 한낮에는 팔을 넓게 벌리고 앉아서 일광욕을 즐겨. 추운 날씨에는 서로 모여 앉아 온기를 나눈다고 해.

일광욕을 즐기는 알락꼬리여우원숭이

햇볕도 따뜻하고~
리머도 귀엽고~

다양한 여우원숭이들

마다가스카르 고유종인 여우원숭이는 100종에 이른다고 해. 모습만큼이나 특징도 다양한 여우원숭이들을 만나 보자.

● 흑백목도리 여우원숭이

목도리를 두른 것처럼 생겼다고 해서 이름 지어졌어. 흰색, 검은색의 털이 아름다운 무늬를 나타내는 것이 특징이야. 몸길이 60센티미터, 몸무게 3~4킬로그램 정도로 여우원숭이 중에서 몸집이 가장 큰 종에 속해. 마다가스카르 동쪽 숲에서 발견할 수 있는데, 주로 나무 위에서 생활하면서 과일이나 어린잎, 꽃 등을 먹고 살아.

흑백목도리 여우원숭이

● 피그미 쥐여우원숭이

여우원숭이 중에서 쥐처럼 몸집이 작은 종들을 쥐여우원숭이라고 해. 피그미 쥐여우원숭이는 몸길이 12~13센티미터, 몸무게 43~55그램 정도로 햄스터와 비슷한 크기야. 세계에서 두 번째로 작은 원숭이인데 몸집에 비해 커다란 눈을 가지고 있지. 등 쪽은 적갈색, 배 쪽은 흰색 털이 나 있고 마다가스카르 서부의 키린디 숲에서 살고 있어.

야행성인 피그미 쥐여우원숭이

● 베록스 시파카

털이 대부분 흰색이지만 얼굴, 손, 발은 검은색, 머리꼭대기는 갈색이야. 마다가스카르 남서부의 숲에 살지. 베록스 시파카를 비롯해 시파카들은 독특한 걸음걸이로 유명해. 두 발로 서서 옆으로 껑충껑충 뛰어서 이동하거든. 짧고 약한 팔과 달리, 뒷다리가 아주 튼튼해서 땅에서는 점프하면서 움직이는 게 가장 빠르고 편하다고 해.

점프하며 이동 중인 베록스 시파카

3장

고원의
씨드볼을 찾아서

라이언, 네오,
프로도, 어피치는
씨드볼이 있는
바위산으로 접근 중인데

다다다다

춘식이가
안티, 안나와
만났다고요?

내가
지켜보고 있으니
위험한 순간에
도울게.

안절
부절

호기심이 넘쳐서
그런지 가끔 엉뚱한
곳으로 움직여.

안티,
안나 앞에서는
어떨지…

?

저리 가!

악당에겐
도움 따위 받지
않겠다!

휘적

휘적

잠깐…

생각해 보니…

멈칫!!

안티, 안나는
나의 정체를
모르잖아.

춘식이가…

카카오프렌즈 탐사요원?!

털썩~

정신 차리세요, 안나 님! 씨드볼이 도로 쪽으로 이동합니다.

내가 간다!

도로의 차를 조심하세요!

다다다다

차는 없고…

와글

소가 있어!

엄청 많아!

와글

아니야!
오지 마!

탓!

휘리릭

철푸덕~

아프겠다.

도도도도

사비카!
사비카!
용맹한
아이로군요.

스르륵

안 돼! 씨드볼이
사라졌어!

바로 신호를 잡았답니다.
마다가스카르의 수도,
안타나나리보로 이동했어요.

지금 앞에 나타난
에코홀로 들어가세요.

폴짝

얼른 가자~

이살루 국립공원과 제부

바라족의 땅, 이살루 국립공원

마다가스카르 남서부에는 면적이 815제곱킬로미터가 넘는 이살루 국립공원이 있어. 우리나라 서울시 면적이 605제곱킬로미터 정도니까, 얼마나 큰 공원인지 짐작이 가지? 이살루 국립공원은 넓은 평원과 산, 협곡 등 다양한 환경으로 이루어졌어.

바라족은 이살루 국립공원을 터전으로 살아가는 부족이야. 과거에는 이곳저곳을 돌아다니며 생활하는 유목민이었지만, 요즘은 한 곳에 정착해 농사짓는 사람이 많다고 해.

바라족에게는 오래전부터 내려오는 장례 풍습이 있어. 사람이 죽으면 그 시신을 천으로 감싸서 땅속에 임시로 묻었다가, 시간이 흘러 뼈만 남으면 자연적으로 만들어진 동굴에 뼈를 모아 묻고 그 입구에 돌을 쌓아서 무덤을 만들지.

이살루 국립공원의 풍경

마다가스카르인의 가축 '제부'

마다가스카르인에게 가장 소중한 가축을 꼽으라고 하면 아마 '제부'일 거야. 제부는 어깨에 큰 혹이 나 있는 '혹소'를 말해. 제부는 머리에 뿔이 달려 있고 목 아래 피부는 축 늘어져 있으며, 낙타처럼 어깨 위에 커다란 혹이 나 있어. 고온의 환경에 잘 적응하기 때문에 열대기후 나라에서 많이 키우고 있지.

마다가스카르 사람들은 우리와 마찬가지로 쌀이 주식이야. 인구의 70퍼센트 이상이 쌀을 비롯한 여러 가지 작물을 기르는 일을 하지. 제부는 큰 힘이 필요한 농사일을 도맡으며 사람들을 도와. 그리고 때로는 사람들이 타고 돌아다니는 이동 수단이 되기도 해. 또한 마다가스카르에서는 장례, 결혼 등 집안에 중요한 일이 있을 때 제부 고기를 나눠 먹는 풍습이 있어. 각종 채소와 함께 제부 고기를 끓여 만드는 맑은 국물 요리 '루마자바'는 마다가스카르의 국민 음식이야. 제부 고기를 꼬치로 만들어 숯불에 구워 먹기도 하지. 제부는 똥마저도 연료나 농사 비료로 유용하게 쓰여. 이처럼 제부는 마다가스카르인이 살아가는 데에 아주 중요한 존재야.

마다가스카르 서남부에는 암발라바오라는 도시가 있어. 이곳은 일주일에 두 번, 전국에서 모여든 사람으로 북적거려. 마다가스카르에서 가장 큰 소 시장이 열리기 때문이지. 제부 가격은 마다가스카르 사람들 평균 월급의 6배가 넘어. 몸값이 대단하지?

마다가스카르에는 '사비카'라는 이름의 스포츠가 있어. 제부의 혹을 붙잡고 매달려서 오래 버티는 경기지. 보통 14살 이상의 소년들이 사비카에 도전하는데, 오랫동안 버티면 트로피나 상금을 받는다고 해.

마다가스카르 사람들과 제부

혹이 달린 소라니, 근사해!

마다가스카르에 사는 식물들

마다가스카르에는 바오바브나무 말고도 다양한 식물들이 살고 있어. 덥고 건조한 환경에서도 꿋꿋하게 적응해 살아가는 식물들을 함께 만나 보자.

● 코끼리발나무

크고 둥근 모양의 은갈색 줄기가 코끼리발처럼 생겼다고 해서 이름 지어졌어. 두꺼운 줄기는 많은 물을 저장해서 오랜 가뭄 속에서도 살아남을 수 있는 비결이야. 줄기 위에 뻗은 얇은 가지에는 타원 모양의 잎이 여러 장씩 모여서 돋아나 있어. 가지 끝에서 긴 꽃자루가 자라는데, 그 꼭대기에는 장미꽃을 닮은 노란색 꽃이 피어.

노란 꽃이 활짝 핀 코끼리발나무

● 마다가스카르 재스민

마다가스카르가 원산지로, 꽃에서 재스민꽃과 비슷한 향기가 나서 지어진 이름이야. 하얗고 별처럼 생긴 꽃이 여러 송이 무리 지어 피어. 줄기가 홀로 곧게 자라지 못해서 다른 물체에 붙어서 자라는 덩굴식물이야. 향이 좋고 아름다워 최근 우리나라에서도 베란다, 거실 등 집에서 기르는 식물로 인기가 높아졌어.

마다가스카르 재스민

● 일랑일랑

일랑일랑은 상큼하고 달콤한 꽃향기로 유명한 식물이야. 그래서 비누나 화장품, 향수 등의 재료로 많이 쓰이지. 일랑일랑의 원산지는 필리핀이지만 지금은 마다가스카르가 최대 생산지라고 해. 꽃은 분홍색, 연한 자주색, 노란색 세 종류이고 아래로 축 처진 모습으로 자라. 여섯 개의 꽃잎은 좁고 길쭉한 모양으로 끝이 뾰족하게 생겼어.

'향수의 여왕'이라는 별명을 가진 일랑일랑

4장

마다가스카르
시장 모험

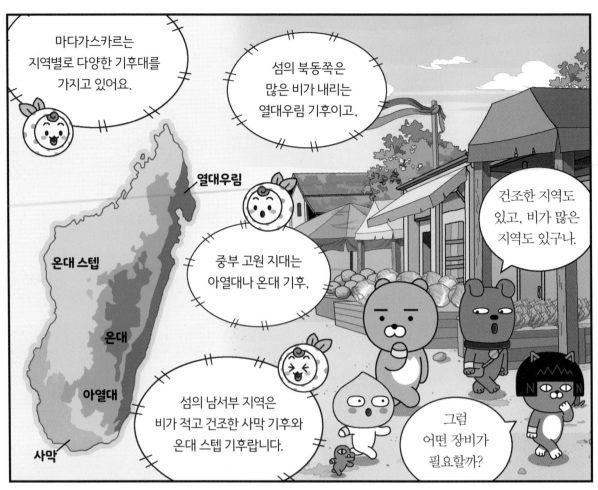

마다가스카르는 지역별로 다양한 기후대를 가지고 있어요.

섬의 북동쪽은 많은 비가 내리는 열대우림 기후이고,

열대우림

온대 스텝

온대

아열대

사막

건조한 지역도 있고, 비가 많은 지역도 있구나.

중부 고원 지대는 아열대나 온대 기후,

섬의 남서부 지역은 비가 적고 건조한 사막 기후와 온대 스텝 기후랍니다.

그럼 어떤 장비가 필요할까?

바구니다!

바구니가 진짜 많아!

탓!

어머, 이 가방 예쁘네.

나는 이걸 챙길래!

탐사 장비로 핸드백을?

라피아 백입니다.

마다가스카르에서 자라는 라피아야자로 만든 가방이에요.

안티 님, 씨드볼이 근처에 있는데 뭐하시는 거죠?

일단 밥부터 먹고 가려고~

점심 도시락을 호랑이꼬리가 달린 원숭이한테 뺏겼거든!

후다닥~

모락 모락

마다가스카르를 대표하는 알락꼬리여우원숭이!

안 되겠어. 혼자라도 씨드볼을 찾아야지.

탐사 장비도 준비하고!

저벅

저벅

안나 님만 믿겠습니다.

등산 장비를 사야 할까? 아니면 잠수 장비?

앗!

예쁜 나무 상자다!

반짝

반짝

갑자기 상자요? 어디에 쓰려고요?

춘식이가 좋아할 것 같아서…

흐뭇

헉!

흠칫!

내가 무슨 생각을!

자연탐사 GO GO 카카오 프렌즈

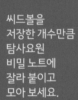

씨드볼을
저장한 개수만큼
탐사요원
비밀 노트에
잘라 붙이고
모아 보세요.

MADAGASCAR
©Kakao Corp.
★ 탐사완료 ★

MADAGASCAR
©Kakao Corp.
★ 탐사완료 ★

스티커를 오려서 모으거나 다이어리를 예쁘게 꾸미세요.

<Go Go 카카오프렌즈 자연탐사>1 아마존 열대우림편에 스티커를 모을 수 있는 탐사요원 비밀 노트가 들어 있어요.

안전확인 신고 확인증 번호 CB061H088–2001 **품명** 완구 **모델명** 고고 카카오프렌즈 자연탐사 부록 스티커
제조연월 2025.01. **제조사명** ㈜북이십일 **주소** 경기도 파주시 회동길 20(문발동) **전화번호** 031–955–2100
사용연령 3세 이상 **제조국** 대한민국
주의사항 경고! 3세 미만의 어린이는 사용할 수 없음. 작은 부품을 포함하고 있음

이 나무 상자는 자피마니리족의 귀한 공예품이니까!

유네스코가 지정한 무형 문화유산이잖아!

파닥

파닥

자피마니리족은 대대로 나무를 이용해 집도 짓고 공예품도 만드는 뛰어난 목수들이지요.

그렇지만 씨드볼 탐사와 무슨 상관…

누구요?

반짝반짝거렸어!

앗, 춘식이다!

휙~

씨드볼 같은데?

와장창

깜짝

아니었네. 알루미늄 냄비였네!

귀여워!

누구요? 저요?

꺄아~

씨드볼이다!

와장창

철푸덕~

훅~

소리만 들어도 안티 님이 또 사고 친 건 알겠네요…

안티, 가만 안 둬!!

후다닥~

통

통

씨드고, 친구들에게 씨드볼 위치를 알려 줘.

씨드볼이에요! 여러분!!

씨드볼이 도망 간다!

어디? 어디?

다다다다

저기! 시장 중앙에!

사람들이 많이 모인 곳으로 갔어!

탓!

이번이 첫 번째 탐사인가 봐?

난 아직 견습이니까

열심히 배워서 훌륭한 정식 요원이 될 거야.

안나는 춘식이에게 맡기면 되겠다!

그냥 둬도 괜찮을까?

덩실~

덩실~

안나, 뭐해! 내가 밀리고 있잖아!!!

그럼 탐사요원으로서 중요한 자질을 가르쳐 줄게.

그건 바로…

덩실~

덩실~

툭!

절대로 적을 믿으면 안 된다는 거지!

으아아

춘식아! 무서웠지?

아니? 건물들 사이로 씨드볼 찾느라 시간 가는 줄 몰랐어.

헤헛~

씨드볼을 찾고 있었다니, 대단한데?

여러분이 에코홀로 나온 곳은 '암보히망가 왕실 언덕'이랍니다.

17세기부터 19세기까지 마다가스카르 왕국의 수도였던 곳이에요.

새로운 씨드볼 신호가 아치나나나 열대우림에서 울리고 있어요.

암보히망가

아치나나나

그곳까지 가려면 적어도 두 개의 에코홀을 갈아타야겠지만요.

마다가스카르는 아프리카의 섬인데 풍경은 동남아시아 같아.

계단식 논도 보이고, 쌀농사도 많이 짓고…

에코홀은 언덕 아래쪽에 있으니 움직이세요.

언덕 밑에는 논이 있네?

그 이유는 마다가스카르의 조상이 인도네시아인이기 때문이에요.

아프리카인이 아니야?

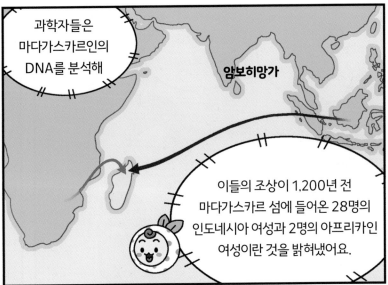

과학자들은 마다가스카르인의 DNA를 분석해

암보히망가

이들의 조상이 1,200년 전 마다가스카르 섬에 들어온 28명의 인도네시아 여성과 2명의 아프리카인 여성이란 것을 밝혀냈어요.

첫 번째 에코홀이다!

어디로 이어질까?

배 위에 도착했어!

그곳은 아치나나나 열대우림으로 들어가는 팡갈란 운하랍니다.

마다가스카르 동부 해안의 남북을 가로지르는 아주 긴 운하이지요.

선원에게 들키지 않게 조용히 지나가자.

두 번째 에코홀이야!

살금 살금

씨드볼이 있는 아치나나나 열대우림에 곧 도착합니다.

털썩~

과연 열대우림답게…

덥고 습하구나!

나무가 많아 낮인지 밤인지도 모르겠어.

후끈~

마다가스카르는 6,000만~8,000만 년 전에 대륙에서 분리되었고

대부분의 식물과 동물은 고립된 채 진화했어요.

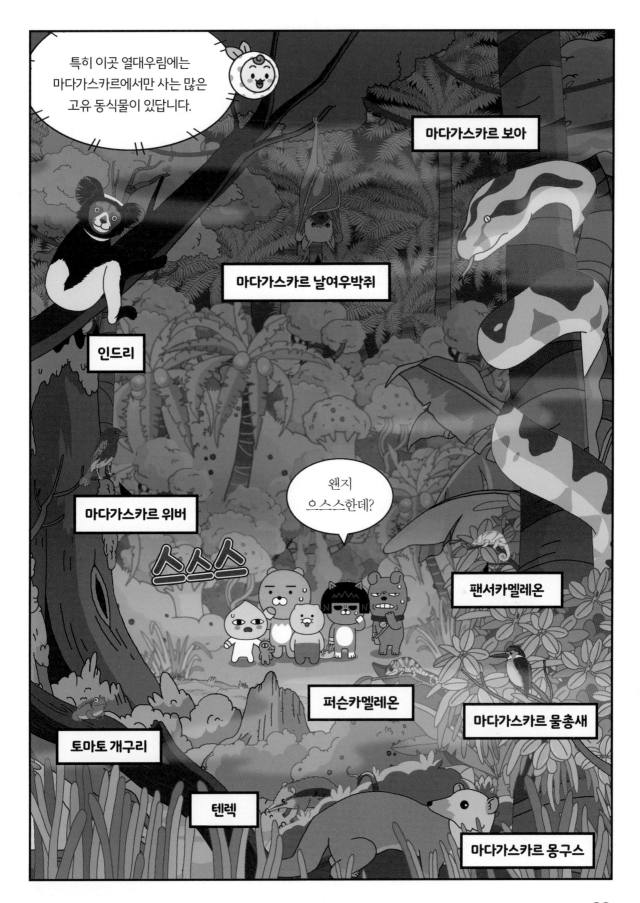

다양한 환경을 지닌 나라

지역마다 뚜렷한 기후

마다가스카르는 지역에 따라 뚜렷한 기후를 나타내는 것이 특징이야.

동부 해안 지역은 1년 동안 평균 강수량이 3,500밀리미터인 열대우림 지역이야. 그런데 비가 많이 내리는 동부와 달리, 남부 지역은 덥고 건조한 사막성 기후를 나타내. 남부 지역의 1년 동안 평균 강수량은 800밀리미터에 불과하다고 해. 동부와는 전혀 다른 환경이지.

섬 중심부는 마다가스카르의 수도 안타나나리보가 있는 해발 약 1,400미터의 고원 지대야. 이곳의 1월 평균 기온은 23.5도, 7월 평균 기온은 12.3도 정도야. 여름철 기온이 30도를 넘는 날에도 아침, 저녁에는 시원한 날씨라고 해. 이와 달리 북부와 서부 해안 지역은 여름에 기온이 40도까지 오를 정도로 뜨거운 날씨를 보인다니, 마다가스카르의 기후는 정말 다양하지?

마다가스카르의 열대우림(왼쪽)과 고원 지대(오른쪽)

마다가스카르 조상은 아시아인?

지금으로부터 약 1,200년 전, 커다란 돛이 달린 배를 타고 바다를 건너온 사람들이 마다가스카르에 도착했어. 그리고 마다가스카르에 정착해 살기 시작한 최초의 사람들이 됐지. 이 사람들은 어디에서 왔을까? 마다가스카르에서 가장 가까운 대륙인 약 400킬로미터 거리의 아프리카에서 왔을 것 같지만, 그게 아니야. 인도네시아에서 온 사람들이었지. 인도네시아와 마다가스카르 사이에는 지구 바다 면적의 5분의 1을 차지하는 거대한 인도양이 있어. 인도네시아에서 출발한 이 사람들은 무려 5,600킬로미터를 항해해 마다가스카르에 도착한 거야.

이후 비슷한 시기에 아프리카 대륙에 살던 원주민 '반투족'들이 마다가스카르에 넘어와 살기 시작했어. 이처럼 인도네시아에서 온 아시아인과 아프리카 동부 해안에서 온 아프리카인이 결합해 마다가스카르에서 살고 있는 민족을 '말라가시인'이라고 해.

마다가스카르의 문화는 동남아시아의 문화와 닮은 점이 많아. 옥수수, 카사바 등이 주식인 아프리카인과 달리, 마다가스카르인은 아시아인들처럼 쌀을 주식으로 삼아. 또한 마다가스카르의 국민 악기로 불리는 전통 악기 '발리하'는 대나무에 12~24개의 줄을 매달아 만들어. 그런데 인도네시아와 필리핀에서도 발리하와 비슷하게 생긴 악기가 있어. 마다가스카르의 전통 가옥 역시 인도네시아의 전통 가옥의 모양과 닮은 점이 많지.

아프리카의 영향을 받은 마다가스카르 문화도 있어. 혹소인 제부를 신성하게 여기고, 많은 소를 기르는 것은 아프리카인의 전통이야.

벼농사를 짓고 있는 마다가스카르인들

내 꿈도
지구 반대편에
닿았으면 좋겠어~

마다가스카르의 별별 생물

마다가스카르는 '생물다양성의 중심지'라고 불릴 정도로 독특한 생물들이 많이 사는 곳이야. 마다가스카르에서 만날 수 있는 별별 생물들을 살펴보자.

● 마다가스카르 휘파람 바퀴벌레

몸길이 8~10센티미터로 바퀴 중에서도 몸집이 큰 편이야. '쉬쉬~'하는 휘파람 소리를 낸다고 해서 이름 지어졌어. 호흡하는 기관인 기문으로 소리를 내지. 배에 가득 채운 공기가 좁은 틈인 기문으로 빠져나가면서 마찰이 일어나 휘파람 같은 소리가 나는 거야. 마다가스카르에서만 사는 종으로, 최근에는 집에서 기르는 사람이 많아졌어.

몸집이 크고 수명도 긴 마다가스카르 휘파람 바퀴벌레

● 마다가스카르 토마토 개구리

마다가스카르 동부 숲에 사는 고유종이야. 수컷은 노란빛, 암컷은 붉은 주황빛을 띠고 있지. 토마토 개구리는 적으로부터 방어하기 위해 몸을 부풀리거나 피부에서 흰색 액체를 분비해. 이 액체는 독성이 없는 대신 접착제처럼 강력하게 달라붙는 효과를 내지. 숲이 사라지면서 서식지가 줄어들어 관심이 필요한 동물 중 하나야.

새빨간 색이 독특한 마다가스카르 토마토 개구리

● 저지대 줄무늬 텐렉

몸길이가 14~17센티미터쯤 되는 자그마한 동물로, '마다가스카르 고슴도치붙이'라고도 불려. 마다가스카르 북부와 동부의 고도가 낮은 열대우림에서 살지. 고슴도치처럼 온몸에 가시가 있는데, 태어날 때부터 몸에 가시가 나 있어. 몸에 노란색 또는 밤색 줄무늬가 뚜렷하지. 주로 밤에 활동하며 땅을 파서 곤충을 잡아먹고 살아가.

두더지와 고슴도치를 닮은 저지대 줄무늬 텐렉

5장

어두운 열대우림 속 비밀

88

한편 안티, 안나는…

나뭇잎 사이로 동물들이 튀어나올 것 같아.

춘식아…

무서워!

나무 높이에서 씨드볼 신호가 울리고 있어요. 잘 찾아 보세요.

내가 너무 심했나?

에코홀에 빠져 영원히 행방불명 됐으면 어쩌지?

표정이 안 좋아.

안나도 숲은 무섭나?

안절

부절

『신드바드의 모험』에 나오는 커다란 마다가스카르 새도 이제는 없다더라.

'코끼리새'를 말하는 건가요?

푸드득

걱정하지 마!

마다가스카르엔 거대한 동물이 없대.

동화책과 달리 코끼리새는 타조처럼 땅 위에서만 살고

큼직~

기린처럼 긴 목을 이용해 나무의 풀을 먹던 큰 덩치의 새였답니다.

사람들의 사냥으로 약 300년 전에 멸종했지만요.

그러니까 여긴 큰 동물이 없으니 무서워하지 말란 얘기였시.

시무룩~

으쓱~

이것 봐! 작은 동물만 꼬물거리고 있잖아.

이건 마다가스카르에서만 사는 기린 바구미야.

쭈욱

터업!

혁

방금 빨간 개구리가 삼켜 버렸어!

마다가스카르에서만 사는 토마토 개구리일걸요.

추릅

먹고 먹히는 무서운 열대우림이야!

안티 님, 도망치실 거면 씨드볼 쪽으로 가 주세요.

으악!

첫!!

자연스러운 먹이 사슬이니 겁낼 거 없어!

자연탐사에 참여하면서 이 정도도 못 참으면 말이 돼?

다다다다

꼬물

휙~

화들짝

툭!

날거머리!

하지만 징그러운 건 못 참지!!

꺄아아악

안나, 잠깐! 앞을 봐!

춘식아?

춘식아!
무사히 친구들을
만났구나!

흥! 앞으로
너랑 말 안 해!

앗, 저길 봐!

안티가 간다!

이제 나무도 엄청
잘 타시는군요!
멋져요!

안티가 우리보다
먼저 씨드볼에
도착하겠어!

쿵!

아이아이
원숭이잖아!

네. 긴 발가락은 나무 속의
곤충 유충을 꺼내 먹기 위해
발달한 거고요.

안티가 떨어졌다!
지금이 기회야!

라피아야자 섬유를
쓸 때가 왔어!

후다닥~

좌악

가방의 반은
끈으로 풀어내고…

샥

샥

나머지 반에는
돌을 넣어서…

달그락

씨드볼 저장!!

샤라랑~

화악

아이아이 원숭이 씨드볼이네요.

아이아이를 사악한 존재라고 생각한 원주민들은 아이아이를 발견할 때마다 죽였다고 해요.

그래서 지금은 멸종 위기 종이 되었답니다.

생김새 때문에 멸종 위기라니 너무 안됐다.

위이잉

도도도도

안티 님, 안나 님! 어서 일어나세요!

다음 씨드볼은 반드시 우리가 차지해야 합니다!!

어서 가자, 안티!

질질질

아치나나나 열대우림

위험에 처한 아치나나나

마다가스카르 동쪽의 급경사면과 북쪽의 숲을 합쳐 '아치나나나 열대우림'이라고 불러. 6개의 국립공원이 있는 곳으로, 이곳에 사는 생물의 80퍼센트 이상이 마다가스카르에서만 볼 수 있는 희귀종이야. 이곳은 유네스코 세계자연유산으로 등재됐고, 생물다양성의 보물창고로 여겨져.

그런데 2010년 아치나나나 열대우림이 '위험에 처한 세계유산'으로 지정됐어. 사람들이 나무를 베고 동물을 사냥하고 보석을 채굴하기 위해 숲을 훼손했기 때문이야. 실제 과거와 비교해 지금은 숲 면적의 90퍼센트 이상이 사라졌다고 해.

마다가스카르에 살고 있는 포유동물의 절반 이상의 종이 아치나나나 열대우림에 살고 있어. 그런데 이 포유동물 대부분이 멸종 위기에 처했다고 하니, 얼마나 심각한지 알겠지? 조류, 곤충, 식물 등 다른 생물들도 마찬가지로 살아남기 어려운 상황이야.

아치나나나 열대우림에 속한 마로제지 국립공원

비호감 외모 때문에 멸종 위기?

아이아이는 마다가스카르에 사는 여우원숭이 중 한 종류야. 몸길이 40센티미터, 꼬리 길이는 60센티미터로 야행성 영장류 중에서 가장 커. 머리와 등의 털끝은 흰색이고, 나머지 몸의 털은 갈색을 띠지. 앞발의 발가락이 가늘고 길어서 아이아이의 다른 이름은 마다가스카르 손가락 원숭이야. 앞발 발가락에는 길고 뾰족한 갈고리발톱이 달려 있고, 귀는 얼굴만큼이나 커다랗게 생겼어. 앞니는 위아래 하나씩만 있는데, 계속 자라나서 입 밖으로 툭 튀어나와 있지. 이렇게 생김새가 다른 원숭이들과 많이 다른 탓에 예전에는 원숭이가 아닌 쥐로 분류되기도 했어.

아이아이는 특이한 사냥 방법으로 유명해. 우선 발가락으로 나무나 대나무를 톡톡 쳐 봐. 소리와 촉감으로 나무 안에 숨어 있는 애벌레를 감지하는 거야. 애벌레가 있다고 느껴지면 툭 튀어나온 날카로운 앞니로 나무에 조그만 구멍을 내. 그 구멍 속으로 앞발의 세 번째 발가락을 쑥 집어넣고 애벌레를 잡아서 꺼내 먹지. 아이아이의 세 번째 발가락은 다른 발가락보다 길고 훨씬 가늘어서 좁은 나무 구멍 속으로 집어넣기 알맞아. 게다가 이 발가락 마지막 마디에는 특별한 관절이 있어서 360도로 움직여.

사람들은 다른 동물들과 구별되는 아이아이의 모습이 낯설고 두려웠어. 아이아이를 마주친 사람들이 놀라면서 외친 '아이!' 소리가 이름이 되었다는 추측도 있지. 사람들은 아이아이를 만나면 나쁜 징조로 여기고 마구잡이로 죽이기도 했어. 그 결과, 지금 아이아이는 마다가스카르에 단 한 종만 살아 있다고 해. 이 종마저도 멸종 위기에 처해 있어서 보호가 필요한 상황이야.

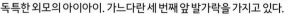
독특한 외모의 아이아이. 가느다란 세 번째 앞 발가락을 가지고 있다.

생김새 때문에 멸종 위기라니 너무해.

코끼리새와 실러캔스

지금은 멸종한 코끼리새. 멸종한 줄 알았지만 지금도 살아 있는 실러캔스. 서로 다른 운명에 처한 두 동물에 대해 자세히 알아보자.

● 멸종한 코끼리새

마다가스카르에 살았던 가장 크고 무거운 새야. 타조보다 몸집이 3배 정도 크고, 두껍고 튼튼한 다리를 가져서 코끼리새라는 이름이 지어졌지. 알은 둘레가 1미터 정도인데 이 크기는 달걀 200개 분량이야. 타조나 에뮤와 마찬가지로 날지 못하는 새였어. 마다가스카르 환경에 천적이 없어서 날개가 퇴화한 것으로 추측돼. 1600년대 이후로 멸종되었고, 그 이유에 대해서는 아직까지 밝혀지지 않았어.

멸종한 코끼리새를 상상해서 그린 그림

코끼리새의 머리뼈 화석

● 멸종할 뻔한 실러캔스

3억 7,000만 년 전부터 지구에서 살아온 실러캔스는 약 7,500만 년 전에 멸종한 것으로 알려졌어. 그런데 놀라운 일이 벌어졌어. 1938년 남아프리카공화국 주변 바다에서 한 어부가 1.5미터 크기의 실러캔스를 발견한 거야. 그전까지만 해도 실러

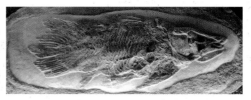

실러캔스 화석. 실러캔스는 살아 있는 화석이라는 별명이 있을 정도로 수억 년 전의 모습과 지금의 모습이 거의 비슷하다.

캔스는 화석만 발견됐거든. 이후 1995년에 마다가스카르 근처 바다에서도 실러캔스가 발견된 적이 있어. 현재 실러캔스는 수심 100~500미터의 깊은 바닷속에서 살아가며, 수명은 100년 정도라고 해.

6장

뾰족뾰족 바위와 무서운 포식자

베마라하 칭기 국립공원은 뾰족한 석회암 지대로 이루어진 계곡이랍니다.

위낙 거칠고 험한 곳이라 외부에 고립되어 고유의 생태계가 만들어진 곳이지요.

휘이이잉~

누가 바위들을 이렇게 뾰족하게 만든 거야?

사람이 다듬은 게 아니라 칭기가 카르스트 지형이라 그래요.

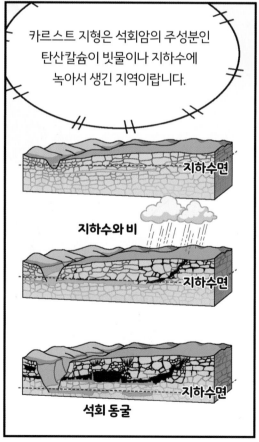

카르스트 지형은 석회암의 주성분인 탄산칼슘이 빗물이나 지하수에 녹아서 생긴 지역이랍니다.

지하수면

지하수와 비

지하수면

석회 동굴

지하수면

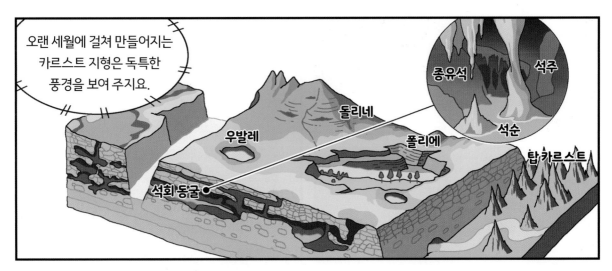

오랜 세월에 걸쳐 만들어지는 카르스트 지형은 독특한 풍경을 보여 주지요.

종유석

석주

돌리네

우발레

폴리에

석회 동굴

석순

탑 카르스트

이런 곳에도 동물들이 살 수 있나?

그럼요. 칭기는 마다카스카르 회색목뜸부기의 유일한 서식처이기도 해요.

쥐여우원숭이와 같은 여러 종의 여우원숭이들도 살고 있고요.

그리고 저 둘도 있네!

우리에게 신경 끄시지! 가자, 안나!

춘식이가 계속 신경 쓰여. 미안하고…

다시는 안 속아!

시무룩~

107

그런데, 누가 계속 우릴 쳐다보는 것 같아.

스윽

빨리 씨드볼이나 찾자고!

하지만 무서운 살기가 느껴졌는데…

크르르

우리도 빨리 가자!

씨드고! 씨드볼의 방향을 알려 줘!

씨드볼이 무서운 속도로 바위 틈을 뛰어다녀서 위치가 너무 빠르게 변하고 있어요.

휙~

깜짝

으앗!

저기, 커다란 고양이를 봤어!

폴짝

폴짝

안 돼!
놓쳐 버렸어!

폴짝

그런데 프로도는
어딜 갔지?

프로도!!

휘이이잉~

네오!
나는 여깄어!

나만 혼자
멀리 와 버렸어.

뾰족

뾰족

네오에게
가야 하는데…

덜덜덜

난 도시에서 곱게
살아온 개라서
거친 바위는
힘들다고!

아야야!
내 옷이 찢어졌네!

캬악

저 관광객도 나랑
같은 처지인가 봐.
도와줘야…

겠다고 생각했더니 안티였네.

카카오프렌즈가 언제 여기까지…

후유~

깜짝

안티, 씨드볼 신호는 이쪽이야!

비켜, 내가 먼저 갈 거야!

꽈악

바위틈이 좁아! 순서를 지켜!

꽈당~

휘이이잉!~

흔들~ 흔들~ 흔들~

30미터 높이의 흔들다리야. 아래는 뾰족한 바위가 가득해.

큰일 났네.

안티가 건너갈 수 있으려나.

털썩

휘이이잉!~

여기서 떨어지면
'안티의 자연탐사'는
끝나는 거네?

그럼 어쩔 수 없지!
여긴 건너지
말아야겠다.

어어, 잠깐만요!
씨드볼 신호가 건너편에서
울리고 있는데요?

반짝 반짝

반짝

다리 끝에
씨드볼이다!!!

조용히 해!!

네오!!
여기 씨드볼이 있어!
이쪽으로 와!

안 돼!
저건 우리 거야!

다들 움직이느라
못 듣고 있나 봐.
데리러 가야겠다!

반짝
반짝

좋았어! 용기를 내서
다리를 건너가자!

나 말고
안나가…

콱!

휙~

같이 가야지.

싫어!
고소공포증이 있단
말이야!

나도 무서워!

칭얼

칭얼

하지만 나의 첫 번째
씨드볼 저장을 위해
어떤 무서움도
이겨낼 수 있어!

안나 님, 힘내요!
거의 다 왔어요!

질질질

흔들~

흔들~

카오스 박사님도
나를 칭찬해
주시겠지?

마침내
씨드볼이
내 앞에…

크르르

반짝 반짝

잠깐…
씨드볼 옆의
저 동물은…

포사다!

덜덜덜

곤충부터 여우원숭이까지
사냥하는 마다가스카르의
최고 포식자인 바로 그 포사요?

응!
나를 따라오는
불길한 존재가
포사였어!

어떡하지?
카카오프렌즈도
도착했어!

어서 서둘러요!

라피아야자
끈으로 서로를
묶고 건너면
안전할 거야.

펄럭~

이번엔
엄청나게 큰 새까지
나타났어!

마다가스카르
바다수리야.
근처 해안가에서
날아왔나 봐.

이제 에코홀로 들어가 노시베섬으로 이동해야 합니다.

그곳에는 두 개의 씨드볼 신호가 동시에 울리고 있어요.

우우웅~

마다가스카르 말로 '큰 섬'을 뜻하는 노시베는 마다가스카르에 가장 큰 화산섬이랍니다.

노시베섬

여러분이 도착한 곳은 노시베섬의 바로 옆인 노시이란자섬이에요.

마침 썰물 때에 도착해서 두 섬이 하나로 합쳐져 있었어!

우리는 운이 좋아!

우리는 운도 없지!

하필 밀물 때에 들어왔지 뭐야.

배를 얻어 탔으니 운이 좋다고 합시다.

동남아시아에서 전파된 베조족의 전통 배도 체험할 수 있잖아요?

이번엔 내가 진짜 저장하고 만다!

노시베섬의 씨드볼 두 개를 몽땅!

누가 꽂이고 누가 네오인지 모르겠어!

어머!

노란 꽃이 피는 일랑일랑나무가 가득하죠?

노시베섬의 사람들은 일랑일랑꽃으로 향수의 원료를 만들어 유럽의 향수 회사로 수출하고 있어요.

그 시각, 노시베섬에 도착한 카카오프렌즈는…

어때?

118

일랑일랑의 꽃향기 때문에 노시베섬은 향기 나는 섬이라고 불리기도 한대요.

어?

씨드볼이다!

일랑일랑과 같은 노란색이라서 못 알아봤어!

노란색이 아니야! 나뭇잎 색으로 바뀌었는데?

스르륵

색이 바뀌는 씨드볼도 있나?

색이 바뀌어요?

그렇다면 의심 가는 동물이 하나 있긴 한데…

이쪽으로 도망쳤어!

깜짝이야!
나뭇잎인 줄 알았는데
카멜레온이잖아!

깡짝

수컷

그 지역엔 카멜레온 중에서도
가장 화려한 색을 자랑하는
팬서카멜레온이 살아요.

암컷은 색의 변화가
거의 없지만 수컷은
화려한 색을 자랑한답니다.

암컷

씨드볼은 설마
팬서카멜레온?

가능성이
매우 높은데요.

씨드볼을 찾을 수 있게
카멜레온에 대한
정보를 알려 줘!

카멜레온은
환경에 따라 몸의 색을
자유자재로 바꾼다고
알려져 있지만

사실은 기온과 기분에 따라
피부 아래의 색소를
늘리거나 줄이면서
몸의 색을 다르게 보이도록
만들어요.

**편안하고 따듯하면
밝은색**

**춥거나 긴장하면
진하고 어두운색**

그럼 지금은
긴장하고 있을 테니
어두운색이
됐으려나?

신비로운 석회암 지대

뾰족뾰족 바위산, 베마라하 칭기

마다가스카르 북서부에는 독특한 풍경의 국립공원이 있어. 회색빛의 돌로 만든 뾰족한 바늘이 수없이 많이 꽂힌 듯한 모습이지. 이곳의 이름은 베마라하 칭기야. '칭기'는 맨발로 걸을 수 없는 곳을 뜻하는 단어에서 유래된 이름이야.

칭기는 탄산칼슘을 주성분으로 하는 암석인 석회암이 빗물이나 지하수에 녹아서 만들어진 '카르스트' 지형이야. 카르스트는 모습에 따라 여러 가지 종류가 있어. 바위 속에 사람이 들어갈 수 있는 크기의 동굴이 생긴 석회 동굴, 지표면에 타원형으로 패인 웅덩이 모양의 돌리네, 돌리네가 더 커진 우발레, 여러 개의 우발레가 모인 폴리에 등 다양하지. 칭기처럼 생긴 석회암 돌산은 탑처럼 우뚝 솟아 있다고 해서 '탑 카르스트'라고 해. 베마라하 칭기는 카멜레온, 여우원숭이, 매 등 멸종 위기에 처한 동물의 서식처이기도 해.

독특한 풍경을 만들어 내는 베마라하 칭기의 뾰족뾰족한 석회암

고양이와 닮은 몽구스, 포사

갈색빛의 부드러운 털과 가늘고 긴 꼬리, 동그랗고 커다란 눈에 세로로 길쭉한 동공, 크고 쫑긋한 귀, 크고 뭉툭한 발. 고양이와 닮은 동물 '포사'의 생김새야. 하지만 고양잇과가 아니라 몽구스와 가까운 동물이지. 귀여운 외모와 달리 여우원숭이, 텐렉, 도마뱀, 새 등을 잡아먹고 사는 마다가스카르에서 가장 큰 육상 포식자야.

포사는 큰 귀 덕분에 소리를 잘 들을 수 있고 시각, 후각 능력이 모두 뛰어나. 또한 날카로운 발톱, 유연한 발목을 지녀서 나무 위에서 자유자재로 움직일 수 있어. 발바닥에서부터 거의 발목까지 이어진 통통한 살은 충격을 흡수하는 역할을 해서 높은 나무에서 바닥으로 뛰어내려도 끄떡없지.

현재 마다가스카르에서도 나무가 우거진 외딴 숲에서 살아가는 포사는 천적이 거의 없는 동물이야. 식성이 좋아서 원숭이부터 새, 파충류, 양서류, 곤충까지 잡아먹고 행동이 민첩해서 야생 적응력이 뛰어난 편이지. 그럼에도 현재 야생 포사는 단 2,600마리 정도밖에 남아 있지 않아. 포사의 서식지인 열대우림 같은 숲이 줄어들고 있기 때문이야.

포사의 서식지는 과거에 비해 10퍼센트 정도만 남아 있다고 해. 갈수록 살아가는 터전이 줄어들고 먹이가 사라지자, 포사는 어쩔 수 없이 사람들이 사는 마을로 내려왔어. 굶주린 포사는 닭 같은 가축을 잡아먹었지. 사람들은 이런 포사를 가만두지 못하고 사냥하기 시작했어. 결국 목숨을 잃는 개체가 많아지고, 2000년 포사는 멸종 위기 종으로 분류됐어.

고양이와 닮은 마다가스카르 고유종 포사

마다가스카르 고유종들이 위험해!

마다가스카르의 독특한 파충류

수많은 동물이 살아가는 마다가스카르에는 독특한 생김새를 자랑하는 파충류도 많아. 알록달록, 울퉁불퉁, 특별한 외모를 지닌 파충류들을 함께 만나 보자.

● 팬서카멜레온

몸길이 40~50센티미터의 큼직한 파충류로 주변 환경에 따라 몸 색깔을 자유자재로 바꿀 수 있는 신기한 능력을 지녔어. 실제 마다가스카르 내에서도 지역에 따라 파랑, 빨강, 초록, 오렌지색 등 다양한 몸 색깔을 띠는 카멜레온을 볼 수 있지. 다섯 개의 발가락은 각각 두 개와 세 개씩 두 그룹으로 나뉘어. 그 사이에 나뭇가지를 끼워 꽉 잡을 수 있어.

마다가스카르의 숲에서 볼 수 있는 팬서카멜레온

● 사탄잎꼬리도마뱀붙이

낙엽과 똑같이 생겨서 위장술이 뛰어난 생물로 유명해. 납작하게 생긴 꼬리는 다른 도마뱀과 전혀 다르게 생겼는데, 낙엽을 붙여 놓은 것 같은 모습이야. 보라, 주홍, 황갈색 등 다양한 색이 있지만 대부분이 낙엽과 거의 비슷한 갈색을 띠어. 밤에 숲을 돌아다니며 곤충을 잡아먹는데, 포식자를 만나면 입을 크게 벌려 새빨간 입속을 드러내기도 한대.

나뭇잎과 똑같이 생긴 사탄잎꼬리도마뱀붙이

● 방사거북

최장수 동물 중 하나로 188살인 개체가 발견된 적도 있어. 육지거북의 한 종류로 땅거북과 비슷하게 생겼지만 크기가 그리 크지는 않아. 볼록한 돔 모양의 어두운색 등딱지에는 한 점에서 사방으로 뻗친 노란색 방사형 무늬가 반복돼 있어. 마다가스카르의 남부 지역 중에서도 건조한 숲속 환경에서 과일, 다육식물 등을 먹고 살아가.

방사거북은 현재 멸종 위기 종으로 분류된다.

7장

춘식이를 구해야 해!

바로 찾았네?

나의 개코로 알랑알랑 향기를 따라왔지.

후다닥~

안티를 혼내 주다니 훌륭한걸?

슥

스윽

우리도 씨드볼을 따라가자.

안나보다 먼저 씨드볼을 잡아야 돼!

안됐지만 내가 먼저 찾았다.

두근

두근

툭!

씨드볼이다! 반짝반짝 예쁘기도 하지.

부들 부들

안나 님, 이제 곧 첫 번째 씨드볼 저장이군요! 축하드려요.

나, 이 대사를 매일매일 외치고 싶었어.

두근

두근

반대로 튀었네?

통

데굴~

톡!

어피치 머리에 앉았어. 아주 잘 보여!

씨드볼!!

화악

저장!!!

화들짝

성공이에요! 씨드볼의 정체는 예상대로 팬서카멜레온이었네요!

샤라랑~

부들 부들

치이익

안나?

얼굴이 왜 카멜레온처럼 빨개졌다 파래졌다 그래?

나무 위로 올라가야겠어! 너에게 꼭 씨드볼을 전해 줄게!

그래놓고 또 방해할 거잖아!

탓!

씨드볼이 하얀 목도리를 두른 것 같은 여우원숭이에게로 이동했어.

그건 여우원숭이 중에서 가장 큰 덩치와 목소리를 가진 흑백목도리 여우원숭이랍니다.

딱 기다려!

이러다 안티, 안나에게 뺏기겠는데?

샥 샥

씨드볼의 정체를 추리해 보자.

나무 사이로 점프하고 땅으로도 내려왔어!

여우원숭이들과 함께 있는 걸 보면 틀림없이 여우원숭이 씨드볼일 거야.

여우원숭이의 종류가 많아요.

특성을 알 수 있게 힌트를 더 주세요.

뭐하냐, 거의 다 왔다!

이살루 국립공원에서

호랑이 꼬리를 가진 여우원숭이와 함께 있었어!

공예품 시장에서 사람들과 잘 어울렸잖아.

그렇다면 성격이 온순해 동물원에서도 인기가 많은 알락꼬리여우원숭이가 아닐까요?

이살루에서 본 그 동물?

그럼 어떻게 우리 쪽으로 데려오지?

먹는 걸로 유인할까?

먹이를 찾을 시간이 없어!!

빨리 생각해 봐!

고구마 상자같이 특별히 좋아하는 장소가 있을까?

아아! 있어요!

알락꼬리여우원숭이는 햇빛을 쬐기 위해 양지바른 곳에 배를 보이고 앉아 있곤 한답니다.

진짜 왔다!

야호!

우리의 예상이
맞았나 봐요!
알락꼬리여우원숭이인가
봅니다!

통

통

좋았어!
씨드볼 저…

잠깐!

스윽

손대지 마!

쌔앵

헉

그건 안나의
씨드볼이야!!

마다가스카르의 미래

많은 사람이 사랑하는 노시베섬

마다가스카르 북서쪽 해안에는 유럽인을 비롯해 마다가스카르를 찾는 관광객들이 사랑하는 섬, 노시베섬이 있어. 노시베섬의 크기는 320제곱킬로미터 정도로 우리나라 인천광역시의 섬 강화도와 비슷한 크기야. 밀물 때는 잠겨 있던 8킬로미터 거리의 바닷길이 썰물이 되면 드러나서 노시베섬으로 걸어서 들어갈 수 있지.

화산활동으로 생긴 노시베섬의 가장 높은 봉우리는 450미터 정도야. 섬 안에는 화산이 폭발할 때 생긴 분화구에 물이 고여 호수가 된 칼데라 11개가 있어. 크고 작은 칼데라는 노시베섬의 풍경을 더욱 아름답게 만들지.

노시베섬은 세계에서 가장 작은 개구리와 카멜레온, 팬서카멜레온 등의 서식지이기도 해. 또한 주변 바다에는 희귀종인 오무라고래가 살고 있어.

노시베섬의 아름다운 해안

위기에 처한 마다가스카르

사람들은 마다가스카르를 '생태계의 보물 창고'라고 표현해. 지구상의 수많은 생물이 저마다 독특한 모습을 하고 어우러져 살아가는 곳이니까. 그런데 이렇게 소중한 마다가스카르 환경이 위기에 처했다고 해. 가장 큰 원인은 생물서식지가 파괴되고 있다는 점이야. 사람들은 땔감을 얻기 위해 무분별하게 나무를 베어 숲을 파괴하고 있어. 또 농지에 불을 질러 풀과 나무를 태우는 방식으로 농사를 짓기도 하고, 가축을 방목해 풀을 길러 먹이는 목초지 등을 만들기 위해 숲을 없애기도 하지.

갈수록 심각해지는 기후변화도 숲이 사라지는 데 한 몫을 해. 지리적으로 원래 덥고 건조한 아프리카 기후는 그 정도가 더욱 심해져서 잦은 가뭄과 태풍으로 고통받고 있지. 가뭄이 계속되면 식물과 동물뿐 아니라 사람도 큰 피해를 입어. 농작물 생산량이 줄어들어 사람들이 먹을 식량이 사라지거든. 실제 가뭄으로 농사를 망친 마다가스카르 주민들은 흰개미나 메뚜기를 잡아먹기도 하는데, 곤충마저도 없을 때는 진흙을 먹기도 한다니 너무 안타까운 일이야.

마다가스카르를 비롯한 아프리카의 여러 나라에서는 지금도 식량 위기로 고통받는 사람들이 늘고 있어. 실제 마다가스카르의 국민 40퍼센트가 영양 부족에 시달린다고 해. 우리가 자연환경에 꾸준히 관심을 기울인다면, 마다가스카르 환경을 되찾는 날이 하루빨리 올 거야.

바싹 메마른 바닥을 드러낸 마다가스카르의 호수

마다가스카르의 자연을 지키기 위해 달려간다!

카카오프렌즈와 함께 마다가스카르를 둘러보자!

 평균 기온이 높아요   섬 생태계예요   비가 많이 오는 곳과 건조한 곳이 함께 있어요   식물이 많아요

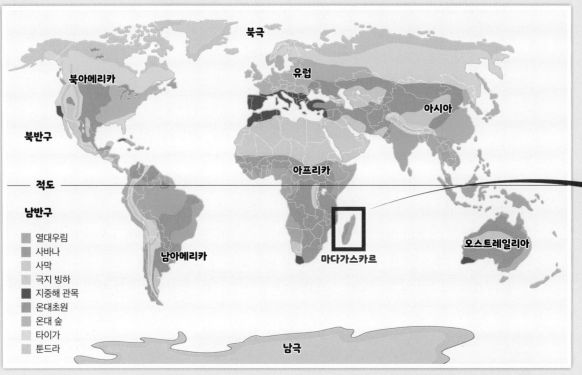

마다가스카르 OX 퀴즈

1 마다가스카르는 세계 최대 크기의 섬으로, 숲이 모두 열대우림이다.　**O X**

2 마다가스카르는 희귀한 동물이 많고 거대한 포식자는 거의 없다.　**O X**

3 마다가스카르를 대표하는 여우원숭이는 종류와 생김새가 다양하다.　**O X**

4 아이아이는 원주민들에게 신성한 동물로 여겨져 사랑받고 있다.　**O X**

정답 1X 2O 3O 4X

144

마다가스카르는 아프리카 대륙 남서쪽에 있는 섬이야. 섬 전체가 하나의 국가로 이루어져 있지. 아열대~온대 지역에 있어서 평균 기온은 높지만 열대우림이나 사바나는 물론 서늘한 고원까지 다양한 기후대의 생태계가 모여 있어. 생태적으로 독특한 베마라하 칭기, 아치나나나 열대우림 등은 그 가치를 인정받아 유네스코 세계자연유산으로 지정됐어.

바오바브나무 거리

마다가스카르를 대표하는 지역이야. 해안 도시인 모론다바 부근에 있으며, 굵은 줄기와 마치 뿌리 같은 가지들이 특징인 바오바브나무가 줄지어 있지. 국보로도 여겨지고 있어.

베마라하 칭기

베마라하 칭기는 석회암이 깎여 만들어진 카르스트 지형이 펼쳐진 곳이야. '칭기'는 뾰족뾰족한 석회암 봉우리를 의미하지. 여우원숭이, 카멜레온 같은 동물들이 살아.

노시베섬

북부에 있는 섬 노시베는 일랑일랑 가공지이자 휴양지야. 일랑일랑의 노란 꽃을 가공해 뽑은 오일로 향수나 화장품을 만들지. 다양한 여우원숭이 자생지이기도 해.

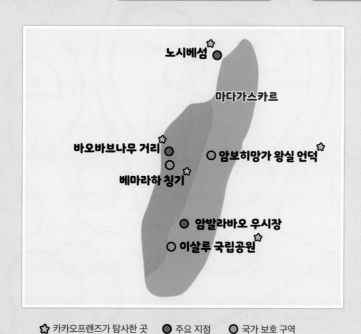

☆ 카카오프렌즈가 탐사한 곳　● 주요 지점　◎ 국가 보호 구역

아치나나나 열대우림

아치나나나는 특정한 한 장소가 아니라 마다가스카르 동부를 따라 길게 이어진 열대 우림 일곱 군데를 묶어 일컫는 말이야. 어둑어둑한 숲속에서 아이아이를 비롯한 자생종을 만날 수 있지.

이살루 국립공원

이살루 국립공원은 건조한 고원지대에 있어. 2억 년 전 중생대 쥐라기에 만들어진 암석들이 지상으로 솟은 뒤 비바람에 깎여 만들어진 곳이야. 바라족의 독특한 장례 문화도 엿볼 수 있지.

암발라바오 우시장

매주 수요일에 암발라바오에서는 마다가스카르에서 가장 큰 우시장이 열려. 각 지역에서 모인 사람들이 제부(혹소)를 사고팔거든. 제부는 마다가스카르인에게 가장 중요한 가축 중 하나야.

카카오프렌즈와 함께
마다가스카르 생물들을 찾아봐요

힌트 책 속에 등장했던 씨드볼 생물이에요.
(바오바브나무, 아이아이 원숭이, 포사, 팬서카멜레온, 알락꼬리여우원숭이)

그림 출처

26쪽 페리에 바오바브: Wikimedia_Hughesdarren(CC BY-SA 4.0)
46쪽 시파카: Wikimedia_Chensiyuan(CC BY-SA 4.0)
66쪽 코끼리발나무: Wikimedia_Hardscarf(CC BY-SA 3.0)
66쪽 마다가스카르 재스민: Flickr_Forest and Kim Starr(CC BY 2.0)
86쪽 줄무늬 텐렉: Flickr_Frank Vassen(CC BY 2.0)

※ 그 밖에 이 책에 실린 사진의 출처는 게티이미지와 퍼블릭도메인입니다.

자연탐사 GOGO 카카오프렌즈
⑩ 마다가스카르

글 | 조주희 **그림** | 김정한 **기획** | 김미영 **정보글** | 이혜림
원화 | 주식회사 카카오

1판 1쇄 인쇄 | 2024년 12월 20일
1판 1쇄 발행 | 2025년 1월 8일

펴낸이 | 김영곤
펴낸곳 | ㈜북이십일 아울북
프로젝트2팀 | 김은영 이은영 권정화 우경진 오지애 김지수
아동마케팅팀 | 장철용 명인수 송혜수 손용우 최윤아 양슬기 이주은
영업팀 | 변유경 김영남 전연우 강경남 최유성 권채영 김도연 황성진
디자인 | 윤수경

출판등록 | 2000년 5월 6일 제406-2003-061호
주소 | (10881) 경기도 파주시 회동길 201(문발동)
전화 | 031-955-2100(대표) 031-955-2177(팩스)
홈페이지 | www.book21.com

ISBN | 979-11-7117-973-2 74400